Tobit Schneider

Mallorca - Massentourismus und Umwelt- und Natur-schutz im Konflikt

GRIN Verlag

Bibliografische Information der Deutschen Nationalbibliothek:

Die Deutsche Bibliothek verzeichnet diese Publikation in der Deutschen National-
bibliografie; detaillierte bibliografische Daten sind im Internet über http://dnb.d-
nb.de/ abrufbar.

Impressum:

Copyright © 2005 GRIN Verlag GmbH
Druck und Bindung: Books on Demand GmbH, Norderstedt Germany
ISBN: 978-3-640-46805-8

Dieses Buch bei GRIN:

http://www.grin.com/de/e-book/66974/mallorca-massentourismus-und-umwelt-
und-naturschutz-im-konflikt

GRIN - Your knowledge has value

Der GRIN Verlag publiziert seit 1998 wissenschaftliche Arbeiten von Studenten, Hochschullehrern und anderen Akademikern als eBook und gedrucktes Buch. Die Verlagswebsite www.grin.com ist die ideale Plattform zur Veröffentlichung von Hausarbeiten, Abschlussarbeiten, wissenschaftlichen Aufsätzen, Dissertationen und Fachbüchern.

Besuchen Sie uns im Internet:

http://www.grin.com/

http://www.facebook.com/grincom

http://www.twitter.com/grin_com

Ruhr-Universität Bochum

Geographisches Institut

Seminar: Umweltprobleme und -konflikte

WS 2005/2006

Thema:

Mallorca – Massentourismus und Umwelt- und Naturschutz im Konflikt

Verfasser: Tobit Schneider

7. Semester

Coverbild: pixabay.com

Inhaltsverzeichnis

1 Einleitung

Das Thema „Mallorca – Massentourismus und Umwelt- und Naturschutz im Konflikt" beleuchtet den wichtigsten Wirtschaftszweig der Baleareninsel unter dem Aspekt einer konkurrierenden raumrelevanten Wertkategorie, den Schutz des Naturraumes. Daher wird zunächst der Raum Mallorca mit seinen ökologischen Grundlagen und seinem nicht-touristischen Nutzungspotential vorgestellt, bevor in einem weiteren Schritt die Entwicklung des Tourismus von seinem Beginn und in jüngerer Zeit dargelegt wird. Ursachen und Folgen des Tourismus sowie Maßnahmen, die vor allem die Umweltschutzorganisation Grup Balear d´Ornitologia i Defensa de la Naturalesa trägt, bilden den zweiten Teil der Arbeit.

Der Tourismus auf Mallorca entwickelt sich in jüngerer Zeit neben dem Massen- auch zum Qualitätstourismus hin, was auch zu einer räumlichen Ausweitung auf der Insel führt, sodass im Zusammenhang dieser Hausarbeit auch auf diese Form des Tourismus einzugehen sein wird.

Im Rahmen eines Seminars im vorigen Wintersemester (2004/2005) fand eine Exkursion nach Mallorca statt, die Gelegenheit bot sich über die Problematik vor Ort einen genaueren Überblick zu schaffen. So sind einige der Ausführungen nicht nur auf die im Literaturverzeichnis angegebenen Quellen, sondern auch auf die originale Begegnung direkt zurückzuführen.

2 Der Raum Mallorca – Grundlagen und Nutzungen

Die spanische Insel Mallorca liegt im westlichen Mittelmeer und ist mit 3640qm die größte balearische Insel. Mallorcas Landschaft lässt sich in drei große Naturräume gliedern. Ein Naturraum ist das Hauptgebirge Serra de Tramuntana, welches sich über den Nord-Westen der Insel erstreckt. Diese Ausdehnung von Sant Telm bis zum nördlichsten Punkt, dem Cap Formentor, ist zudem mit circa 110 Kilometern die längste Ausdehnung. Die Serra de Tramuntana ist ein junges Faltengebirge alpinen Typs.

Quelle: www.planet-wissen.de

Ihr höchster Gipfel ist mit einer Höhe von 1443m der Puig Mayor. Steile Schluchten und wilde Canyons prägen das Landschaftsbild im Nord-Westen. Das Mittelgebirge und Hügelland im Osten Mallorcas ist eine weitere große Landschaftseinheit Mallorcas, wobei die Mittelgebirgslandschaft der Serres de Llevant nur Höhen zwischen 400m und 500m im Durchschnitt erreicht. Die dritte große Landschaftseinheit ist das mallorquinische Flachland, welches aus dem innermallorquinischen Flachland als flache Ebene zwischen den beiden Gebirgszügen sowie der Schwemmlandebene, flachen Sand- und Kiesküsten, besteht. Im innermallorquinischen Flachland wird überwiegend Landwirtschaft betrieben, da der Boden, bedingt durch Meeresablagerungen des Tertiärs und Abtragungsschutt der Gebirge, als sehr fruchtbar gilt.

Zudem führt durch dieses Gebiet die Hauptverkehrsachse Palma-Inca-Alcudia. Klimatisch bestimmt Mallorca ein gemäßigtes subtropisches Klima. Die Winter sind mild und die Sommer sehr heiß und trocken. Die mittlere Monatstemperaturkurve liegt in den Monaten Mai bis Septemper teilweise sogar deutlich über der Niederschlagskurve. Es handelt sich hier demnach um aride Monate.

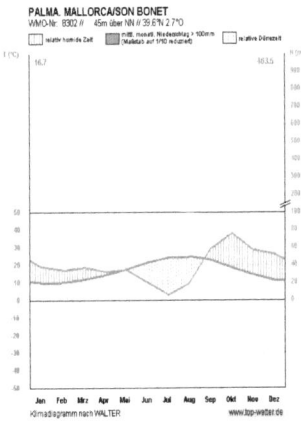

PALMA. MALLORCA/SON BONET
WMO-Nr: 8302 // 45m über NN // 39.6'N 2.7'O

Klimadiagramm nach WALTER   www.top-wetter.de

Die restlichen Monate sind humid. Im Winter liegen die Temperaturen tagsüber durchschnittlich bei 15 Grad, im Sommer dann bei 25 Grad Celsius bei einem Mittel von 8 Sonnenstunden pro Jahr. Die Tiefstwerte sind im Januar mit durchschnittlichen 9,2° C relativ gering, während im Juli die Höchstwerte bei warmen 24,1° C liegen. Der Jahresniederschlag beträgt 463,5mm. Im Süden der Insel sind die Niederschlagswerte geringer, da die von Norden kommenden Tiefdruckgebiete sich über der im Nord-Westen gelegenen Serra de Tramuntana abregnen.

Mallorcas Böden sind, bedingt durch ihre geringe Wasserspeicherkapazität sowie ihre Armut an Nährstoffen beziehungsweise ihre Flachgründigkeit, für eine landwirtschaftliche Nutzung wenig geeignet. Die Erträge der traditionellen Landwirtschaft erweisen sich nicht als rentabel. Des Weiteren ist der hohe Anteil der Kleinbauern (64% sind Kleinbetriebe) ein Problempunkt, da das Kleinbauerntum meist am Existenzminimum lebt. Düngung ist daher selten, was die Erträge natürlich sinken lässt. Abwanderung der Landbevölkerung in die Stadt ist die Folge, da zudem andere Wirtschaftszweige wie die Tourismusbranche höhere Rentabilität versprechen.

Vorwiegend junge Landarbeiter zog es in der Vergangenheit von der Agrarwirtschaft in das produzierende Gewerbe. Touristische Einrichtungen wie Hotels und ebenso die verstärkte Nachfrage nach Handelsgütern wie Schmuck- oder Lederwaren lockten die junge Bevölkerung in die Städte, was eine Überalterung auf dem Land nach sich zog. War 1920 der Anteil der Beschäftigten in der Landwirtschaft noch bei 56%, so lag

4

Eigne Quelle: Perlenverkauf in Manacor

1973 nur noch bei 19%. Im Gegensatz dazu stieg die Zahl der Beschäftigten im produzierenden Gewerbe im gleichen Zeitraum von 30.000 Arbeitern bis auf 77.000 Arbeiter an. Mit dem Einsatz des Massentourismus in den sechziger Jahren erlangte neben dem Bausektor das Leder- und Schmuckgewerbe einen immensen Aufschwung. Das Ledergewerbe mit dem Produktionszentrum Inca im Landesinneren Mallorcas konnte die Produktion zwischen 1960 und 1967 um das 760% steigern. In den sechziger Jahren stammten rund 25% der spanischen Schuhe von den Balearen. Auch die in Manacor angefertigten Perlen fanden zu dieser Zeit wie auch heute noch einen echten Absatzboom.

Der Wandel von der Landwirtschaft zur Industrie im vergangenen Jahrhundert spiegelt sich in der Bevölkerungsdynamik wider. Die Bevölkerung Mallorcas hat sich von einer eher traditionell ländlichen zu einer modernen städtischen Gesellschaft entwickelt. Ausgangspunkt dieses Wandels ist auch hier der Beginn des Massentourismus auf den im folgenden noch genauer einzugehen sein wird. Seit den sechziger Jahren, dem Beginn des Badetourismus, welcher Millionen von Touristen auf die Insel lockte, ist die Bevölkerungsentwicklung durch ein positives Wanderungssaldo gekennzeichnet.

eigene Quelle: S´Arenal

Die großen Auswanderungsraten früherer Zeiten gehören längst der Vergangenheit an. Von den insgesamt 753.584 Einwohnern (2003) leben mit 332.600 Einwohnern (2003) circa 45% in der Hauptstadt Palma. Außerdem weist die Region an der Hauptverkehrsachse, die von Palma nach Inca führt, sowie die Küstenregionen eine hohe Bevölkerungsdichte auf. Die Küstenregionen haben im Zuge der Tourismusentwicklung eine enorme Zunahme der Bevölkerung erfahren, während die ländlich geprägten Orte im Landesinneren eine Stagnation beziehungsweise einen Rückgang der Bevölkerung, bedingt durch die bereits erwähnte Landflucht und die Verlagerung des sozialen und wirtschaftlichen Lebens an die Küste, erlebten. Jeder zehnte Einwohner Mallorcas ist Ausländer, wobei 51% der Ausländer aus Europa kommen.

3 Entwicklung des Tourismus

Im Folgenden wird die Entwicklung des Tourismus und die Entstehung des Massentourismus zu Beginn der sechziger Jahre Thema sein. Einleitend sollte der Begriff Tourismus definiert werden, so versteht Becker unter Tourismus „... die Gesamtheit der Beziehungen und Erscheinungen, die sich aus der Reise und dem Aufenthalt von Personen ergeben, für die der Aufenthalt weder hauptsächlicher und dauerhafter Wohn- noch Arbeitsort ist." (Becker, C., Job, H., Witzel, A, 1996). Um das Wesentliche dieser Definition nach Becker zu akzentuieren, sind die Hauptfaktoren im folgenden noch einmal herausgefiltert: a) den Hauptwohnsitz für gewisse Zeit zu verlassen b) bleibt der Zweck der Reise offen und c) werden die Fahrten von Arbeitspendlern oder zum Zweitwohnsitz ausgeschlossen.

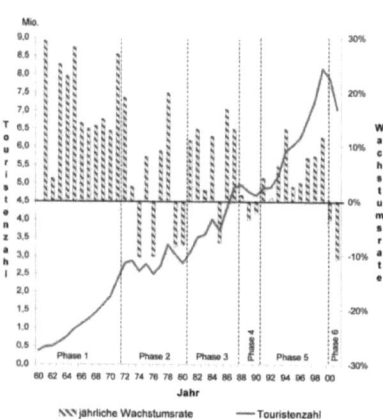

„Der Tourismus setzte im Mittelmeerraum und speziell Mallorca im frühen 19. Jh. ein, als wohlhabende Sozialgruppen der Industrieregionen, ... , die als exotisch empfundenen Küstenlandschaften als Winteraufenthalt und für gesamteuropäische gesellschaftliche Kontakte entdeckten." (Wagner 2001, 283).

Der spanische Bürgerkrieg und der zweite Weltkrieg verhinderten bis in die fünfziger Jahre eine Entfaltung des Tourismus. Erst in der Folge kam es durch wachsenden Wohlstand zu einem allgemeinen Anstieg der Touristenzahlen. Allerdings wurden die Reisen in diesen Jahren noch mit Bussen, der Bahn oder auch mit dem PKW unternommen.

Der Einsatz von Charterflügen begann in den 60er Jahren und verhalf so auch Mallorca zu einem immensen Anstieg der Touristenzahl. Bis zu diesem Zeitpunkt war Mallorca ein vorwiegend landwirtschaftlich geprägter Raum, dessen Bevölkerung in ihrem Wirtschaftsverhalten traditionell bestimmt war. 1972 kamen bereits fünf mal so viele Touristen auf die Insel wie noch zwölf Jahre zuvor.

Diese Phase des Tourismus auf Mallorca wird auch als erste Boomphase bezeichnet. Sie war der Beginn des Massen- und Badetourismus. Die Gründe für diesen Boom liegen zum einen im wachsenden Wohlstand im nördlichen Europa, dem Wegfall des Visumzwangs für ausländische Besucher sowie der staatlich organisierten Förderung des Fremdenverkehrs (vgl. Schmitt 1993, 459) und zum anderen in der räumlichen Nähe Mallorcas und damit ihrer guten Erreichbarkeit. Außerdem lockt viele Touristen das angenehme Klima auf die Insel. Die Urlauber konzentrierten sich in großer Mehrheit an der Playa de Palma, während das Landesinnere sowie die anderen Küsten der Insel noch nicht von den Touristen als Urlaubsziel entdeckt wurden.

Ab 1973 folgten sieben Jahre, in denen die Tourismuszahlen wegen „ungünstigen wirtschaftlichen Rahmenbedingungen in den Herkunftsländern" stagnierten (Schmitt 1993, 459).

Die zweite Boomphase begann mit dem Ende der Francodiktatur, welche für politische Konsolidierung sorgte und Mallorca und seiner Bevölkerung mehr Sicherheit gab. Von 1976 an bis 1988 ließ dies die Touristenzahl von 2,5 Millionen jährlich auf das Doppelte anwachsen.

Neben den Kriterien, die für die 1. Boomphase bereits relevant waren, waren die Okkupation der Immobilienwirtschaft, die Areale kommerziell vermarktete, sowie der Erwerb von Zweitwohnsitzen Faktoren für den Touristenanstieg.

Quelle: Wagner, H.-G: Mittelmeerraum

Die räumliche Verteilung der Touristen wurde weiter ausgedehnt. Nicht nur die Playa de Palma weitete sich aus, sondern auch die Bucht von Alcudia und die Ostküste waren nun Ziel der Touristen. Die sechs Jahre andauernde dritte Boomphase setzte Anfang der neunziger Jahre ein. Das Ausnutzen der wirtschaftlichen Möglichkeiten durch den Tourismus spiegelte sich 1999 mit mehr als 8 Millionen Touristen wider. Mallorca passte sich mit Bauten von riesigen Hotelkomplexen und Appartements den Erfordernissen des Massentourismus an. Ein weiterer Grund war in den 90ern der Ausfall anderer Urlaubsziele wegen politischer Konflikte. So boten die Urlaubsziele Jugoslawien und die Türkei keine ausreichende Sicherheit und schlossen sich als konkurrierende Urlaubsziele für Mallorca selbst aus. So lagen die Touristenzahlen im Jahr 1993 um mehr als das siebenfache über der Einwohnerzahl Mallorcas (vgl. Schmitt 1993, 460).

4 Die jüngere Entwicklung des Tourismus und

entstandene Nutzungskonflikte

Die stetig wachsenden Tourismuszahlen sorgten zwar dafür, dass Mallorca heute zu den wohlhabendsten Regionen Spaniens zählt, doch birgt die dadurch entstandene Monokultur für die Bürger Mallorcas einige Gefahren. Bereits Ende der Neunziger erlebte Mallorca einen klaren Besucherrückgang, der zum einen durch den Imageverlust zu begründen ist. So wurde die Insel immer wieder als „Sauf-Insel" tituliert, weil sie von Kegel- und Fußballclubs beispielsweise für Mannschaftsfahrten in Rahmen von Kurztrips genutzt wurde.

Quelle: Wagner, H.-G. (2001): Hotelbauten in Alcudia

Ferner waren die ständigen Diskussionen um die Wasserknappheit und die Abfallproblematik schädigend. Zum anderen ergab die Euro-Umstellung eine deutliche Preiserhöhung, was sicherlich konkurrierende Urlaubsziele wie beispielsweise die Türkei oder Tunesien dank eines besseren Preis-Leistungsverhältnisses in eine günstigere Ausgangslage brachte. Ganz eklatant ist auch das Problem der Nutzungsverdichtung. „Der Massentourismus veränderte das Siedlungsgefüge der Küstenniederungen durch neue Standortentscheidungen, expansive Flächenansprüche und landschaftsverändernde Bauformen" (Wagner, 2001, S. 290). Die immense touristische Nachfrage der letzten vierzig Jahre zwang den Bausektor eine Vielzahl von gastronomischen Einrichtungen sowie Hotelkomplexe zu bauen, welche aber zum Teil aufgrund der zeitlichen Not mangelhaft geplant waren und daher unvollendet blieben (vgl. ebd.). Es entstanden vor allem in den siebziger Jahren unkoordinierte touristische Betonkomplexe und Bettenburgen, welche heute das Ortsbild vieler Gemeinden stören.

Auch die bereits erwähnte Okkupation der Immobilienwirtschaft trägt einen großen Teil zur Nutzungsverdichtung bei. „Gegenwärtig leben auf Mallorca etwa 2,5 Mio. Winterurlauber. Allein ca. 70.000 deutsche Immobilienbesitzer sind Neubürger auf Mallorca" (vgl. ebd., 291).

eigene Quelle: Nautischer Tourismus in Santa Ponca

Der boomende Bausektor bewirkte im Umkehrschluss eine gravierende Belastung der ökologischen Grundlagen der Küstenlandschaften. Dies sowie der Imageverlust und die weiteren oben genannten Probleme veranlasste die 1999 an die Macht gekommene sozialistische Partei dazu, einen touristischen Paradigmenwechsel einzuschlagen. Der Massentourismus sollte bis auf 20% heruntergefahren werden. Stattdessen wünschten sich die Wahlsieger vermehrt Bildungstouristen auf der Insel, die sich an Kultur und landschaftlichen Schönheiten delektieren sollten. Der Paradigmenwechsel sah es vor das touristische Angebot in der Qualität deutlich zu verbessern.

Die Belastung für ökologische Grundlagen der Küstenlandschaften sollte reduziert und im Gegenzug der Tourismus ins Landesinnere durch alternativen Tourismus erweitert werden.

Maßnahmen zur Verwirklichung waren Baustopps, die Öko-Steuer, welche als Symbol des Wandels diente, sowie Maßnahmen für einen alternativen, sanften Tourismus. Bei den Baustopps sah eine Neuregelung vor, dass nur noch Vier- bzw. Fünf-Sterne-Hotels gebaut werden dürfen. Andernfalls dürfen Hotels nur noch gebaut werden, wenn andere Hotels dafür abgerissen werden. Die Öko-Steuer ist eine Sonderabgabe von 0,25 - 2€, die Touristen pro Nacht während ihres Aufenthaltes auf Mallorca zu zahlen hatten. Dieses Geld sollte der Umgestaltung von verschandelten Gebieten, der Förderung von Naturräumen, der Pflege von Kulturstädten sowie der Förderung der Landwirtschaft zugute kommen. Die Öko-Steuer war allerdings sehr umstritten, da sie nur von Hotelgästen und nicht von Mietern von Ferienwohnungen bzw. Appartements bezahlt werden musste. Diese Tatsache löste einen Streit zwischen den Hoteliers und den Politikern aus. 2003 wurde die Steuer im Zuge des erneuten Machtwechsels verabschiedet.

Der alternative Tourismus wie Wandertourismus, Agrotourismus wurde eingeführt, um einen Gegenpol zum Badetourismus zusetzen. So kommt es neben der Entzerrung der Saisonalität auch zu einer besseren Verteilung des Tourismus auf der Insel. Der Qualitätstourismus, zu denen der Nautic- und Golftourismus zu zählen ist, soll zudem finanzkräftige Urlauber nach Mallorca locken.

Die seit 2003 wieder regierenden Konservativen stimmen zwar im Groben mit diesem Maßnahmenkatalog überein, doch gibt es in einem wesentlichen Punkt eine Abweichung. Und zwar setzt die neue Regierung wie auch schon zu Beginn der neunziger Jahre voll auf den Massentourismus und plant bereits neue Bauten und eine Erweiterung des Verkehrsnetzes. Allerdings soll auch der alternative Tourismus weiter voran getrieben werden.

5 Mangelhafte Gesetzgebung als Ursache für touristische Übernutzung

Die Ursache des Konflikts zwischen dem Tourismussektor und dem Schutz der Natur und Umwelt liegt in erster Linie in der Vergangenheit, in der die touristischen Interessen mit unkoordinierter Bebauung vorangetrieben wurden und somit große Flächen Mallorcas touristisch verbraucht wurden. Ausschlaggebend hierfür war die mangelhafte Gesetzgebung, die die flächenhafte Ausdehnung touristischer Bauten einschränkte. Lange Zeit wurde die Bebauung von Gebäuden mit touristischer Funktion gefördert, um mit diesem Sektor die Wirtschaft anzukurbeln. Das Gesetz von 1963, Llei de Centres i Zones d'Interes Turistik, „erlaubte zur Deckung der Nachfrage die uneingeschränkte Bebauung von touristisch interessanten Zonen im Küstenbereich in größtmöglicher Dichte ohne komplementäre Bedarfsplanung" (Schmidt 1999, 91). 90% der touristischen Bauten betrafen unmittelbar die Küstenzone und zeigt damit auch schon die unterschiedliche räumliche Belastung der touristischen Nutzung auf. Ein 1973 neu eintretendes Gesetz veränderte in dieser Hinsicht wenig. Der einsetzende Trend der Nutzung von Appartements verstärkte den vom Tourismus verursachten Flächenverbrauch. „Als Resultat gewinnen die baulichen Erschließungen in gleichem Maße mehr und mehr Raum wie naturnahe und ländliche Strukturen auf der Insel durch diese Art der Projektförderung und einer Planung, die der Spekulation freien Raum lässt, schwinden" (ebd.).

Einen großen Anteil des Erschließungsbooms hat die Errichtung von Zeitwohnsitzen. Bereits 1981 waren auf Mallorca 42% aller Wohnungen Zweitwohnsitze (vgl. ebd., 92). So wurden landwirtschaftliche Flächen beispielsweise zwischen der Nord-Süd-Achse Alcudia und Palma genutzt, um dort Zweitwohnsitze zu errichten. Während die Zweitwohnsitze in den Siebzigern noch fast ausschließlich in den Küstenregionen entstanden, wurde im nächsten Jahrzehnt mehr und mehr das Landesinnere erschlossen.

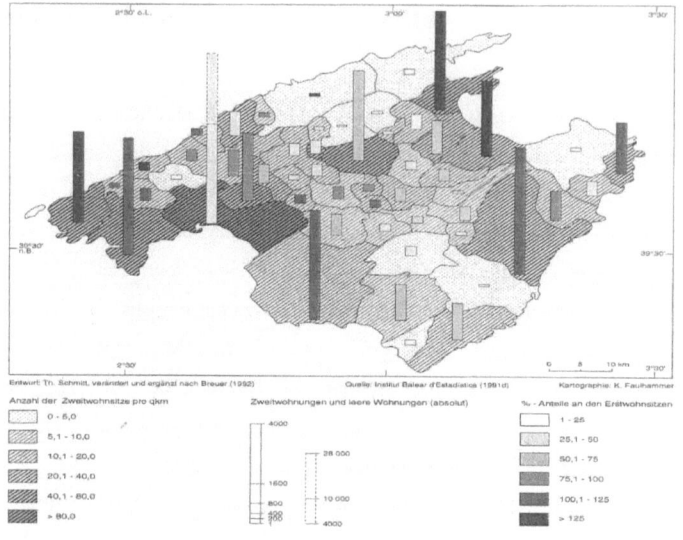

Anzahl der Zweitwohnsitze pro qkm   Zweitwohnungen und leere Wohnungen (absolut)   % - Anteile an den Erstwohnsitzen

0 - 5,0	1 - 25
5,1 - 10,0	25,1 - 50
10,1 - 20,0	50,1 - 75
20,1 - 40,0	75,1 - 100
40,1 - 80,0	100,1 - 125
> 80,0	> 125

Eine Volkszählung von 1991 ergab, dass die Zahl der Zweitwohnsitze die der Erstwohnsitze in einigen Gemeinden bereits um ein Vielfaches übersteigt. Spitzenreiter in dieser Beziehung ist die Gemeinde Banyalbufar in der Serra de Tramuntana mit zwar nur 335 Zweitwohnsitzen, die aber 212% der Erstwohnsitze ausmachen" (ebd). Die häufig sehr großzügig angelegten Zweitwohnsitze mit Swimmingpool und großen Grundstücken nehmen große Flächen der natürlichen Landschaft ein. Erste Versuche, die Expansion der touristischen Bauten einzudämmen, gab es mit den Dekreten Cladera I und II 1984 und 1987. Inhaltlich wurden Minimalanforderungen für jeden Übernachtungsplatz festgeschrieben, um somit bauliche Begrenzungen zu erreichen. Doch ein Konzept eines ganzheitlichen integrativen Raumordnungsmodells gibt es bis heute nicht. Eine „mangelhafte Gesetzgebung" auf den Balearen kennzeichnet aber nicht nur den Bausektor, sondern auch den Natur- und Umweltschutzbereich. „Eine planvolle Entwicklung und Regulierung der Nutzungsansprüche, die der zunehmenden Umweltbelastung und Naturzerstörung Einhalt gebieten könnte, ist damit bislang kaum gegeben. Eine intakte Ökologie und Natur sind Standbeine des Tourismus" (Schmitt 1993, 459). Die Landschaft bzw. die Ökosysteme Mallorcas sind aber durch die enorme touristische Übernutzung immens gefährdet und sind damit als Voraussetzung und Grundlage eine Gefährdung für den Tourismus selbst.

Verstärkt wird dieses Problem, indem die bisher bestehenden Gesetze zum Schutz der Natur und Umwelt nicht konsequent ausgelegt sind. So ist auch am 30. Januar 1991 vom balearischen Parlament verabschiedete Gesetz zum Schutz von Naturräumen für die Tourismusbranche kein Hindernis, da es kein umfassendes Naturschutzgesetz ist und damit einige Lücken aufweist. Das Gesetz ist lediglich „auf die Minimierung bzw. das Verbot von Urbanisationen in speziellen Gebieten ausgerichtet" (ebd.) und bietet lediglich einen Schutz vor flächenhafter Bebauung. Eine fehlende Schutzgebietsplanung sowie eine kaum ausreichende wissenschaftliche Planungsbasis können den Tourismusinteressen nicht entgegenwirken und stellen keine weitgehende Begrenzung des touristischen Wildwuchses dar (ebd.). Obwohl sich 73% der Bevölkerung 1991 in einer Meinungsumfrage für einen konsequenten Naturschutz aussprachen, wurden 1992 bereits verhängte Baustopps und Urbanisationsverbote sowie einigen Landschaften den schon erteilten Schutzstatus wieder entzogen. Der Natur- und Umweltschutz erlebte dadurch einen erneuten Rückschlag und hat weiterhin gegen die Tourismusinteressen zu kämpfen.

6 Ursachen und Auswirkungen des Tourismus auf das Ökosystem

Inwiefern der Tourismus die Umwelt unmittelbar beeinträchtigt und welche Folgen die Belastung für das Ökosystem hat, wird im folgenden näher erläutert. Dabei werden die zu Beginn der Arbeit erwähnten drei naturräumlichen Raumeinheiten zwar zur Gliederung berücksichtigt, jedoch lässt sich die Problematik nicht auf die einzelnen Naturräume isoliert darstellen. Die Belastung durch den Tourismus betrifft infolge der implizierten Mobilität nämlich Regionen, die Anteil an verschiedenen Naturräumen haben wie zum Beispiel die Land-Meer-Zone. Einerseits könnten die Auswirkungen des Tourismus auf die einzelnen Naturräume in einem folgenden Schritt nacheinander dargelegt werden, andererseits werden die Kausalitäten besser deutlich, wenn sie direkt im Anschluss an die Darstellung der Belastung durch den Tourismus auf die verschiedenen naturraumübergreifenden Regionen erläutert werden. Deswegen habe ich mich für letztere Vorangehensweise entschieden.

6.1 Nutzungskonflikt in der Land-Meer-Zone

Festzuhalten ist vorab, dass der Tourismus besonders in der Land-Meer-Zone am weitesten ausgebreitet ist und erst in den letzten Jahren das Landesinnere vermehrt mit einschließt. Vor allem die Ausweitung der Siedlungsflächen und damit die Verdrängung des ursprünglichen Landschaftsbildes bildet in der Summe das hier genauer zu beschreibende Problemfeld.

Da der Badetourismus die immer noch am stärksten vertretene Form des Tourismus darstellt, sind die Auswirkungen in den Küstenregionen wie in der Bucht von Palma und Alcudia bzw. die Flachküsten im Osten Mallorcas am weitesten vorangeschritten. Expansive Flächenansprüche und damit zusammenhängende Urbanisierungsprojekte, welche zu großen Teilen zu touristischen Zwecken entstehen, belasten die ökologischen Grundlagen in diesen Regionen grundlegend. Die Urbanisierungsprojekte, zu denen „sowohl fertig bebaute Bereiche mit Wohn- und Ferienfunktion als auch zur Bebauung erschlossene Flächen mit bereits fertiggestellten Straßen-, Elektrizitäts- und Kanalisationsnetz" (Schmitt 1993, 465) gehören, sorgen für Flächenversiegelung, verändern die Flora und Fauna und zerstören Biotope.

Vor allem in diesem Übergangsbereich Land-Meer werden durch die hohe Besucherfrequenz Lebensräume rasch und massiv zerstört (vgl. ebd.). So sollte in der Nähe des Sandstrandes von Es Trenc ein Polo-Feld für Reiter und große Hotels bis zu 2000 Betten errichtet werden, die das Feuchtgebiet Salobrar de Campos in Mitleidenschaft ziehen und so für die dort rastenden Zugvögel eine Gefährdung darstellen. Insgesamt werden Litoral, Stranddünen, Sümpfe und Felsküsten besonders in Mitleidenschaft gezogen. Die Felsküsten werden zwar weniger als die Flachküsten von Umweltschäden beeinträchtigt, weisen aber durch den ansteigenden Tagestourismus vermehrt Folgeprobleme auf. So werden beispielsweise das Cap Formentor oder der Torrent de Pareis als Aussichtspunkte täglich von Touristen angefahren. Verstärktes Verkehrsaufkommen und eine zunehmende Bebauung von touristischen Einrichtungen wie Restaurants zerstören die Vegetation und das ursprüngliche Landschaftsbild. Neben der dichten Bebauung und der damit verbundenen Vegetationszerstörung zeigen sich an den Flachküsten weitere Umweltfolgen.

Trittbelastungen in Folge der hohen Besucherfrequenz und der direkte Abtrag von Sand durch Touristen verändern die natürliche Küstendynamik und zerstören den dortigen Lebensraum. Die Säuberung durch Maschinen wie bei Platja de Muro oder am Sandstrand von Es Trenc schädigt die Vegetationsdecke und ändert die Vegetationsstruktur im besonderen Maß und hat den Verlust von Dünen im speziellen zur Folge. Sehr beliebt sind auch Zweitwohnsitze an den Flachküsten, was in der räumlichen Nähe zu den Badestränden begründet ist. Der damit verbundene enorme Flächenverbrauch einhergehend mit hohen Bodenspekulationen infolge begehrter Zweitwohn- und Alterswohnsitze auf Mallorca verändert die traditionelle räumliche Organisationsstruktur (Schmidt 1999, 90).

Zudem zerstört der nautische Tourismus, eine Form des Qualitätstourismus, die Uferregion und unterbindet die natürliche Küstendynamik (ebd.).

	1	2	3	4	5	6	7	8	9	10	11	12	13
Einflußfaktoren													
Ausweitung von Urbanisationsflächen	–	XX	XX	XX	X	XX	–	–	–	X	X	–	X	XX
Ausbau von Freizeitanlagen	XX	X	X	X	XX	XX	–	–	XX	XX	–	–	X
Verkehrserschließung	–	X	X	X	X	X	X	–	X	X	–	X	XX
Bodenspekulation	–	X	XX	–	XX	XX	–	–	XX	XX	–	–	X
hohe Besucherfrequenz	XX	XX	XX	X	X	X	O	O	–	–	–	–	–
steigender Wasserverbrauch	–	–	–	X	–	–	–	–	–	O	XX	X	–
Abwasserentsorgung	XX	O	O	X	O	O	–	–	–	–	X	X	–
Müllentsorgung	X	X	X	–	X	X	–	–	X	–	–	XX	XX
Nutzungsaufgabe	–	–	–	–	X	–	O	–	X	XX	X	–	–
Auswirkungen													
direkte Lebensraumzerstörung	XX	XX	XX	XX	X	X	X	–	X	X	–	X	X
mechan. Schädigung der Vegetationsdecke	–	XX	X	–	X	X	–	O	–	X	–	–	–
Änderungen in der Vegetationsstruktur und -dynamik	–	XX	XX	XX	X	X	X	O	X	XX	–	O	X
Verfremdung des Artenspektrums	–	X	X	X	O	O	–	–	–	–	X	X	XX
Änderung des Gesellschaftsinventars	–	X	X	X	X	–	–	–	–	X	–	X
Beseitigung von Reliefstrukturen	–	X	XX	–	X	X	O	–	–	X	O	O	–
Zerstörung mikromorphologischer Biotopstrukturen	–	XX	X	X	–	–	–	–	–	O	O	X	–
Änderung der natürlichen Küstendynamik	XX	X	XX	X	–	–	–	–	–	–	O	O	X	–
Bodeneutrophierung	–	XX	X	XX	XX	–	–	–	–	X	X	XX
Bodenversiegelung	–	X	XX	X	X	X	–	–	X	X	X	O	XX

Ökosystemtypen
1 Litoral
2 Stranddünen
3 Felsküste
4 küstennahe Sümpfe
5 Macchie und Garigue
6 Pinienwälder
7 Steineichenwälder
8 Gebirgsvegetation
9 Trockenrasen und extensive Triftweiden
10 Trockenfeldbau und Baumkulturen
11 intensiver Bewässerungsfeldbau
12 Torrentes
13 Ruderalvegetation

Belastung
XX sehr hoch
X hoch
o mäßig
– keine

Tabelle 1:Schmitt, T., 1993: Tourismus und Landschaftsschutz auf Mallorca (Belastung von Ökosystemtypen)

6.2 Nutzungskonflikt im Landesinneren

Erst in den neunziger Jahren, mit Beginn der Förderung des Qualitätstourismus, hielt der Tourismus verstärkt Einzug in das Landesinnere der Insel. Einerseits entlastet er zwar die touristische Nutzung in den Küstenregionen, doch andererseits entwickeln sich mit der Zeit mehr und mehr Konflikte zwischen dem Tourismus im Landesinneren und dem Natur- und Umweltschutz. Der Paradigmenwechsel, der sich bezüglich des Tourismus mit der Jahrtausendwende vollzogen hat, wirkt sich nicht ausschließlich positiv auf die Umwelt aus. Zwar konnte die Zahl der Touristen gesenkt werden, doch tragen die Formen des Qualitätstourismus einen Teil zur Umweltbelastung bei.

Die balearische Regierung plante 2004 den Bau von acht neuen Golfplätzen. Der Golftourismus geht einher mit der Anlage großer Rasenflächen und dazugehörigen Clubhäusern. Aufgrund der klimatischen Bedingungen, Aridität von Mai bis September, müssen die Rasenflächen, um die Anforderungen für den Golfsport zu erfüllen, regelmäßig gewässert werden. Dies bedeutet für die balearischen Inseln einen enorm zunehmenden Wasserverbrauch und steigert das ohnehin schon bestehende Problem der Wasserknappheit.

Zudem haben die Golfanlagen einen immensen Flächenanspruch und beeinträchtigen somit das ursprüngliche Landschaftsbild beziehungsweise gefährden dadurch „extensiv genutzte, naturnahe Biotoptypen" (Schmitt 1999, 90).

Neben dem Golftourismus zerstört der alternative Tourismus auch große Teile des Landesinneren. Durch den Motorrad-, Rad- und Inlinertourismus wird die Natur auch in küstenfernen Gebieten mechanisch belastet. Die weitere Verkehrserschließung gerade durch den aufstrebenden Tourismus im Landesinneren sorgt dafür, dass auch große Flächen im Inland der Insel versiegelt werden, und gefährdet somit „das ursprüngliche und charakteristische Biotopengefüge" (Schmidt 1999, 88).

Vermehrt gibt es auch Zweitwohnsitze im Landesinneren; diese verändern dort wie auch in den Küstenregionen das natürliche Landschaftsbild und die traditionelle Organisationsstruktur (ebd., 90).

Im Rahmen der Verkehrserschließung für den Tourismus plante die neue Regierung nach dem Wechsel von 2003 den Bau einer Autobahn zwischen Inca und Manacor (www.gobmallorca.com).

Dieses Großprojekt würde einhergehend mit Flächenversiegelung einen schwerwiegenden Eingriff in die bestehende Ökosysteme bedeuten.

7 GOB – Maßnahmen zum Schutz der Umwelt

Die Natur- und Umweltschutzorganisation Grup Balear d'Ornitologia i Defensa de la Naturalesa, im folgenden kurz GOB genannt, ist die größte Organisation auf den Balearen, die sich den Schutz des Naturerbes zur Aufgabe macht. Etwa 1% der Bevölkerung auf den Balearen sind in dieser Organisation Mitglied. Gegründet wurde GOB 1973 von Naturliebhabern und konnte sich im Zuge des touristischen Baubooms etablieren. Durch Mitgliedbeiträge, aber auch Spenden und Projekte, welche vom Staat unterstützt werden, kann sich die Organisation finanzieren. Neben der Bewahrung des einmaligen Naturerbes der balearischen Insel hat sich GOB den Schutz bedrohter Tier- und Pflanzenarten und eine generelle Umwelterziehung zur Aufgabe gemacht.

Kampagnen, Proteste und Aufrufe der Bevölkerung sind Maßnahmen, die GOB initiiert, um beispielsweise Großprojekte wie die geplante Autobahn zwischen Manacor und Inca zu verhindern. Ein geplantes Polo-Feld nahe des Feuchtgebietes El Salobra und dem unter Naturschutz stehenden Strand Es Trenc konnte bereits verhindert werden. Derzeit ist dort eine Kurklinik geplant, die es seitens der Organisation gilt, abermals zu verhindern. Seit dem Regierungswechsel, welcher Urbanisationsprojekte wieder vorantreibt, sind die Balearen von GOB zum ökologischen Notstandsgebiet ausgerufen worden. Von GOB organisierte Kampagnen konnten bereits den Naturpark von Mondrago sowie die Insel Dragonera vor der Zerstörung durch Hotelbauten bewahren (www.gobmallorca.com). Auf der eigenen Internetseite hat die Bevölkerung die Möglichkeit, dem Regionalpräsidenten einen Protestbrief zu schreiben, um sich gegen die Naturzerstörung der balearischen Insel auszusprechen. Eine weitere Maßnahme ist die Förderung des ÖPNV. Damit möchte man versuchen die stark ansteigende Zahl der Mietwagen, zu reduzieren.

Zum Schutz der Tier- und Pflanzenarten ist das Projekt zum Erhalt des Rotmilans besonders erwähnenswert. Der Rotmilan ist aufgrund von Giftködern eine gefährdete Art. Diese Giftköder werden auf den Fincas auf Mallorca „wegen der Jagd ausgelegt, um ursprünglich verwilderte Katzen und Möwen zu töten" (www.gobmallorca.com).

Die acht Paare, die 2000 verblieben sind, wurden mit Sendern ausgestattet und stehen seitdem unter ständiger Beobachtung, um den Kontakt von Giftködern mit einem Rotmilan vorzugreifen. Das Projekt zeigt bereits erste Früchte, denn mittlerweile gibt es schon 13 Paare dieser Art.

Das dritte primäre Ziel, die generelle Umwelterziehung, geschieht durch wissenschaftliche Publikationen und den Einsatz in politischen Gremien. So setzt sich GOB mit diesen Positionen in Schulen ein und lehrt die junge Bevölkerung über umweltbewussteres Leben. Des Weiteren veranstaltet die Organisation Sensibilisierungskampagnen zur Müllvermeidung und Wasserspeicherung in 17 Gemeinden und arbeitet mit Konsumentenverbänden zusammen (www.gobmallorca.com).

8 Fazit

Tourismus auf Mallorca und hier insbesondere der Massentourismus bildet das wichtigste Standbein der Wirtschaft der Baleareninsel. Doch wer Mallorca liebt, darf es nicht zerstören. Der Konflikt zwischen Naturschutz und wirtschaftlichen Ansprüchen kann nicht gelöst, sondern nur gemildert werden.

Um den Naturraum zu erhalten, bedarf es gesetzlicher Regelungen des Tourismus, die zum Bespiel keine weitere Steigerung der Tourismuszahlen zulassen oder Bodenspekulationen begegnen. Statt neuer Urbanisationsprojekte bietet es sich an, bestehende Siedlungen zu modernisieren und veraltete Hotelanlagen abzureißen.

Eine angepasste Form des verstärkt sanfteren Tourismus könnte als Gegenpol zum harten Massentourismus dazu beitragen, die Naturzerstörung einzugrenzen. „Sanfter Tourismus ist die Form des Urlaubs- und Reiseverhaltens, die versucht die negativen Äußerungen und Wirkungen des Tourismus in ökologischer und soziokultureller Hinsicht zu korrigieren" (www. klett-verlag.de). Hinzu könnte durch gezielte Öffentlichkeitsarbeit und Marketing versucht werden, eine Bewusstseinsänderung der Touristen im Sinne einer verantwortungsvollen Nutzung des Urlaubsraumes zu bewirken. Beispielsweise durch den Verzicht auf die Nutzung des Mietwagens zugunsten des Fahrrades erübrigt sich der weitere Bau von weiteren Straßen oder Autobahnen. Ein sparsamerer Umgang mit Wasser auch auf der Urlaubsinsel Mallorca könnte das Problem der Wasserknappheit reduzieren. Der sanfte Tourist soll sich möglichst in den Umgangsformen und Verhaltensweisen an die Einheimischen anpassen.

Nur durch gezielte Kooperation von Umweltorganisation, Regierung, Tourismusbranche und Touristen wird die Ferieninsel Mallorca auch in Zukunft ein Natur- und Kulturraum sein, der eine Reise wert ist.

9 Literatur

Brodengeier, Egbert u. a . 2005: Terra - Erdkunde 9. Stuttgart

Rother, Klaus 1993: Der Mittelmeerraum. Ein geographischer Überblick

Schwede, Dieter 1999: Mallorca Reiseklassiker mit klassischen Problemen. In: Praxis Geographie, Band. 39, Heft 11, S. 12-16

Schmitt, Thomas 1999: Ökologische Landschaftsanalyse und -bewertung in ausgewählten Raumeinheiten Mallorcas als Grundlage einer umweltverträglichen Tourismusentwicklung. Stuttgart

Schmitt, Thomas 2004: „Skript zur Vorlesung: Mensch und Umwelt im Mittelmeerraum (CD-ROM)", Bochum

Schmitt, Thomas 1993: Tourismus und Landschaftsschutz auf Mallorca. In: Geographische Rundschau, Band 45, Heft 7-8, S. 459-467

Wagner, Horst-Günther 2001: Wissenschaftliche Länderkunden. Mittelmeerraum. Darmstadt

Internet:

Grup Balear d'Ornitologia i Defensa de la Naturalesa: Der Umweltverband GOB, http://www.gobmallorca.com/deutsch/infogob.htm (02. 11. 2005)

Klett-Verlag: Terra-Extra: Infoblatt: Sanfter Tourismus, http://www.klett-verlag.de/geographie/terra-extra/index.html (06. 11. 2005)